不可思议的动物生活系列

动物宝宝成长记

（比）蕾妮·哈伊尔 绘著　　张原平 译

CHISO 新疆青少年出版社

"我是一匹刚出生的小斑马，我跟妈妈长得很像，但也有些不同。我们是食草动物，平时最爱吃青草。"

斑马宝宝和妈妈的不同：
1. 身高较矮，四肢更短小。
2. 更浓密的皮毛。
3. 更加短、圆的嘴巴和鼻子，方便和妈妈亲近。

河马

长颈鹿

骆驼

野驴

　　遇到危险的猛兽时，食草动物宝宝必须跟妈妈一起迅速逃跑，因为它们是食肉动物最喜欢的美味。幸好它们都像自己的父母那样结实健壮，善于奔跑。

有的哺乳动物宝宝和父母有一些必不可少的差异。例如，马鹿宝宝和猎豹宝宝身上的颜色和周围环境类似，这样就不容易被天敌发现了。

马鹿宝宝

猎豹宝宝

成年雄性动物通常有一些明显的特征，例如角、长鬣毛，或者明亮的颜色。如果动物宝宝也具有这些特征，爸爸可能会把宝宝当成竞争对手而攻击它们。如果宝宝有尖利的獠牙或犄角，它们可能会不小心伤到自己的妈妈。

那些出生后就在野外生活的哺乳动物宝宝，在出生时就已经发育得很好。而大多数哺乳动物宝宝出生在隐蔽的洞穴中，因为弱小的它们毛发没有长齐，眼睛也不能睁开，毫无防卫能力。

穴兔出生在地洞里——非常隐蔽。

野兔出生在草丛里——全无遮挡。

这些动物宝宝的家应该再安全舒适些。

松鼠

老鼠

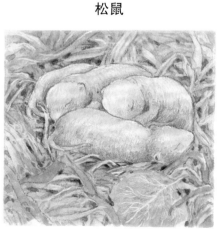

麝shè鼠

刺猬

大多数食肉动物的宝宝成天待在安全的洞穴里。

狼

水獭

狐狸

雪貂

獾

猞猁

松貂

"我是一只小熊宝宝，我妈妈的个头可比我大多了。我是在妈妈冬眠时出生的，为了让我健康长大，妈妈将自身脂肪变成香甜的乳汁来喂我。我的妈妈太伟大了！可是，假如我再长大些，妈妈就没法继续养活我了。"

棕熊

白鼬yòu

这些是长大一些的哺乳动物宝宝。

1.棕熊　　7.猞猁　　13.美洲豹　　19.水獭
2.斑鬣lie狗　8.狐狸　　14.野猫　　20.雪貂
3.北极熊　　9.豹　　　15.狮子　　21.獛pú
4.黑熊　　　10.狼　　　16.猎豹　　22.白鼬
5.亚洲胡狼　11.虎　　　17.浣熊　　23.黄鼠狼
6.大熊猫　　12.美洲狮　18.狼獾

成年海象的皮肤

海象幼崽的皮毛

成年海狮的皮肤

海狮幼崽的皮毛

成年海豹和宝宝

　　海洋哺乳动物，如海狮、海象和海豹，它们的皮肤下面有一层厚厚的脂肪，能抵御寒冷。而它们的宝宝出生时，身上并没有足够的脂肪，所以都长着一层温暖、浓密的皮毛。

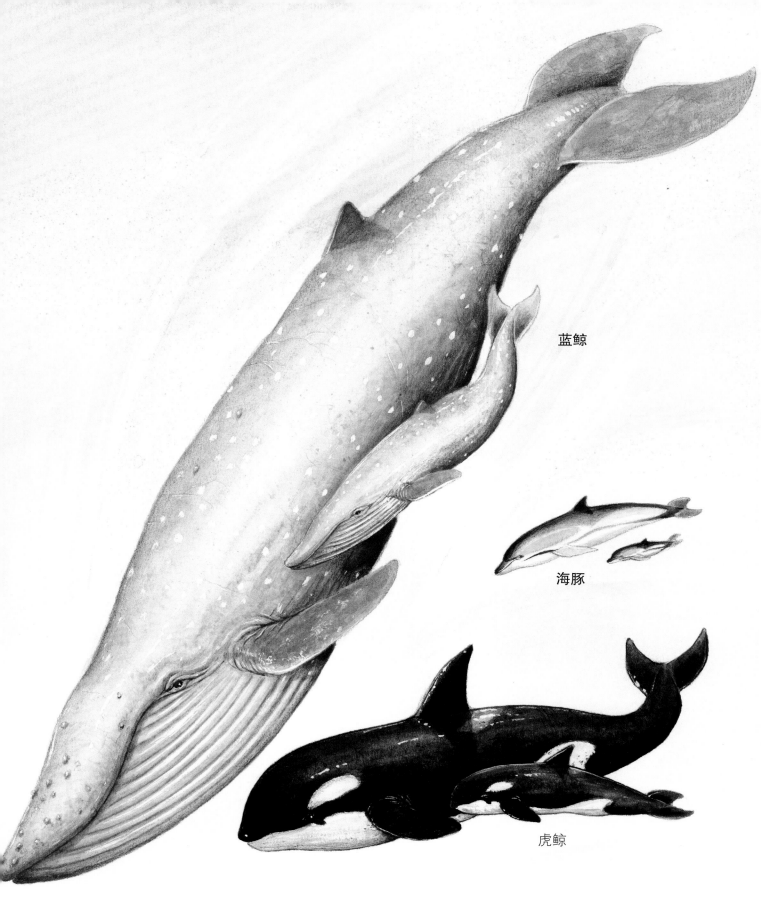

蓝鲸

海豚

虎鲸

　　和陆地上的哺乳动物一样，海洋哺乳动物宝宝出生后的生活方式和妈妈差不多，所以和妈妈的模样十分相像。

11

"我是最最聪明的猿，我的亲戚——猴子也相当伶俐，人类说我们是灵长类动物，是和他们最像的动物。我们也属于哺乳动物。"

环尾狐猴

婴猴

树熊猴

"我们猿比猴子进化得更高级。但是，我们刚出生时都很柔弱，浑身光秃秃的没有毛。妈妈会耐心地照顾我们很久，直到我们长大。"

猕猴

蜘蛛猴

松鼠猴

随着小猿和小猴子逐渐长大，模样会越来越像自己的爸爸妈妈。但是，狒狒、山魈和大猩猩的爸爸就跟它们长得明显不一样。

狒狒爸爸有一个长长的、结实的鼻子。

大猩猩爸爸背上的毛是银灰色的。

山魈xiāo爸爸爱美，脸上像涂了鲜艳的油彩。

红毛猩猩爸爸的脸颊显得好宽呀。

"我是一只刚出生的小袋鼠，虽然又小又弱，但我能爬进妈妈肚子上的育儿袋里找奶吃。在妈妈温暖的袋子里，我渐渐长大了。"

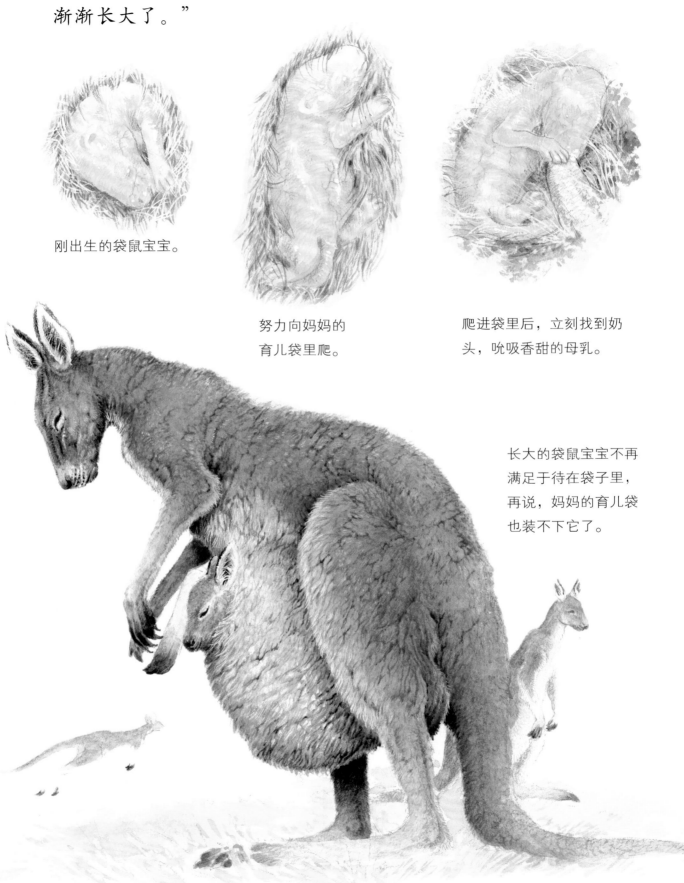

刚出生的袋鼠宝宝。

努力向妈妈的育儿袋里爬。

爬进袋里后，立刻找到奶头，吮吸香甜的母乳。

长大的袋鼠宝宝不再满足于待在袋子里，再说，妈妈的育儿袋也装不下它了。

"我是萌萌的树袋熊，也是在妈妈的育儿袋里长大的。人类叫我们有袋类哺乳动物。我差不多6个月大了。"

"我是鸭嘴兽。我是从妈妈下的蛋里孵出来的，和小鸟们一样。不过，妈妈会喂奶给我吃，所以我也是哺乳动物。"

鸭嘴兽宝宝看起来像一条小虫子。

"我是柔弱的鸟宝宝，和妈妈长得一点也不像。因为妈妈下的蛋实在太小了，我没有足够的空间长大，所以我出生时还没有发育好。"

鸟宝宝生下来的时候，身上有一层薄薄的绒毛。它们饿了就会大声地叫，向妈妈要虫子吃。如果它们能经常吃得饱饱的，就会长得很快。

"我是还没学会飞的小长尾山雀，和其他鸟宝宝一样，只能待在家里。慈爱的妈妈非常用心地照顾我，直到我能够离开家，学会自由自在地飞翔。"

这是长尾山雀的窝。

"我是刚刚出生就能离开家四处活动的鸵鸟。我很勇敢吧？有的鸟宝宝也和我一样棒。"

鸵鸟出生时，身上有着柔软、浓密的绒毛，不仅很暖和，而且绒毛的颜色与周围环境很像，这样就不容易被天敌发现。

虽然这些鸟宝宝不那么像它们的父母，但也有明显的物种特征，让人一眼就能分辨出来。

反嘴鹬宝宝长着向上弯曲的喙。

疣鼻天鹅宝宝的脖子也长长的。

大鸨bǎo小时候也有和爸爸妈妈一样粗壮的双腿。

爬行动物宝宝很好辨认，因为它们长得几乎和爸爸妈妈完全一样。

爬行动物的爸爸妈妈主张对孩子放手，很少照顾宝宝。所以它们的宝宝一出生就能自食其力，自我保护。

两栖动物和爬行动物宝宝也是从蛋中孵化出来的。它们长大的过程并不那么容易，需要先变成幼体，然后才能长成爸爸妈妈的模样。

它们的爸爸妈妈在陆地上和水中都能生活，而它们却只能在水下呼吸。生活方式不一样，所以外表也不同。

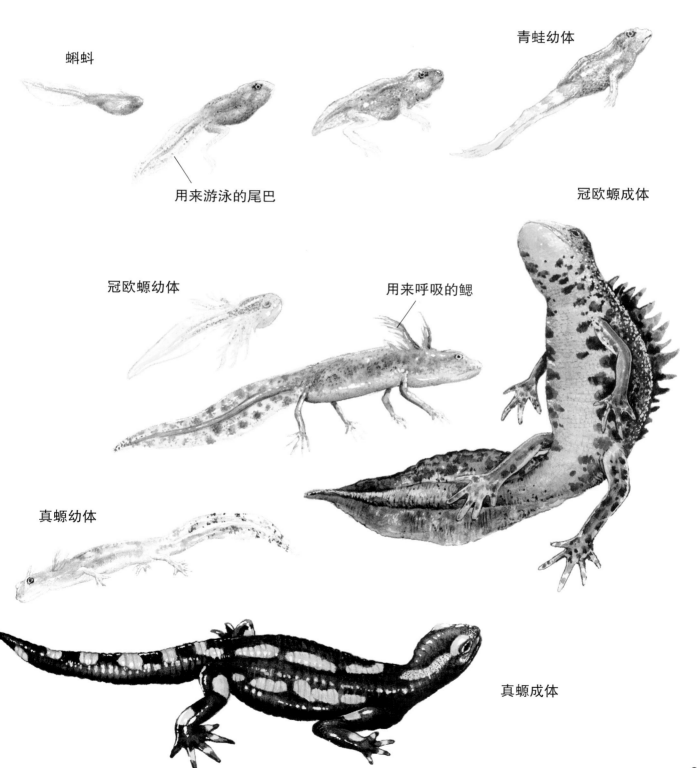

蝌蚪

青蛙幼体

用来游泳的尾巴

冠欧螈成体

冠欧螈幼体

用来呼吸的鳃

真螈幼体

真螈成体

这些是各种各样的昆虫宝宝，还有长大后的昆虫宝宝。

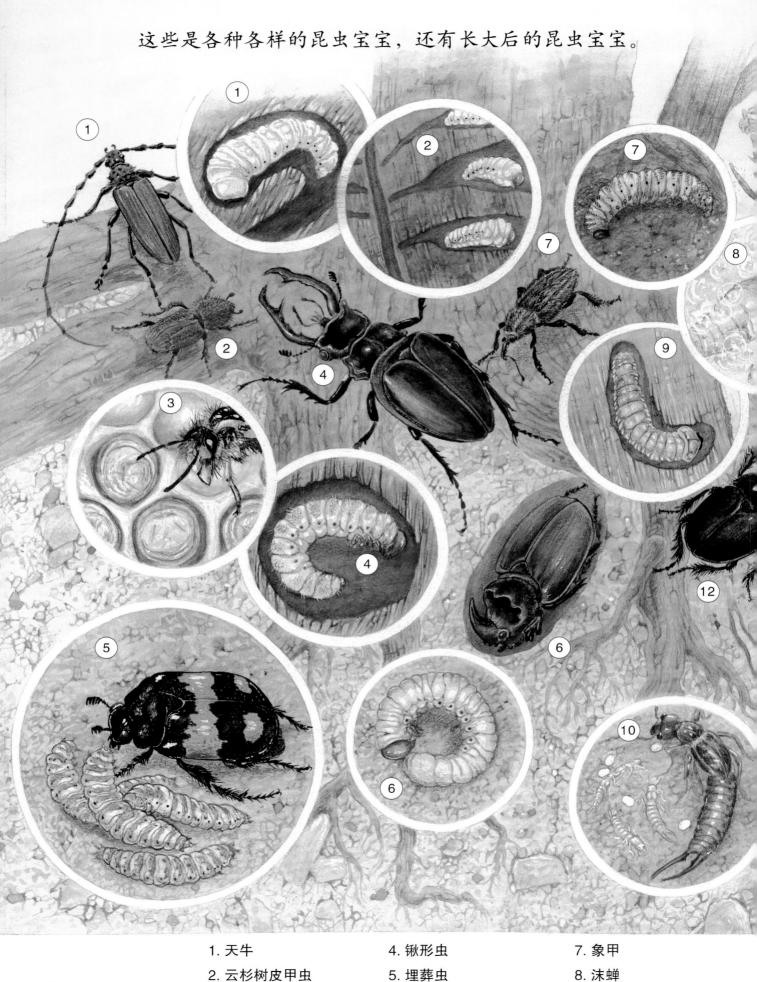

1. 天牛　　　　4. 锹形虫　　　　7. 象甲

2. 云杉树皮甲虫　5. 埋葬虫　　　　8. 沫蝉

3. 胡蜂　　　　6. 独角仙　　　　9. 蓝丽天牛

1. 舟蛾

2. 枯叶蛾

3. 黑带二尾舟蛾

4. 柳紫闪蛱蝶

5. 小红蛱蝶

6. 荨麻蛱蝶

大多数昆虫宝宝的样子和爸爸妈妈截然不同，但也有些幼虫长得与爸爸妈妈类似，只是少了翅膀。

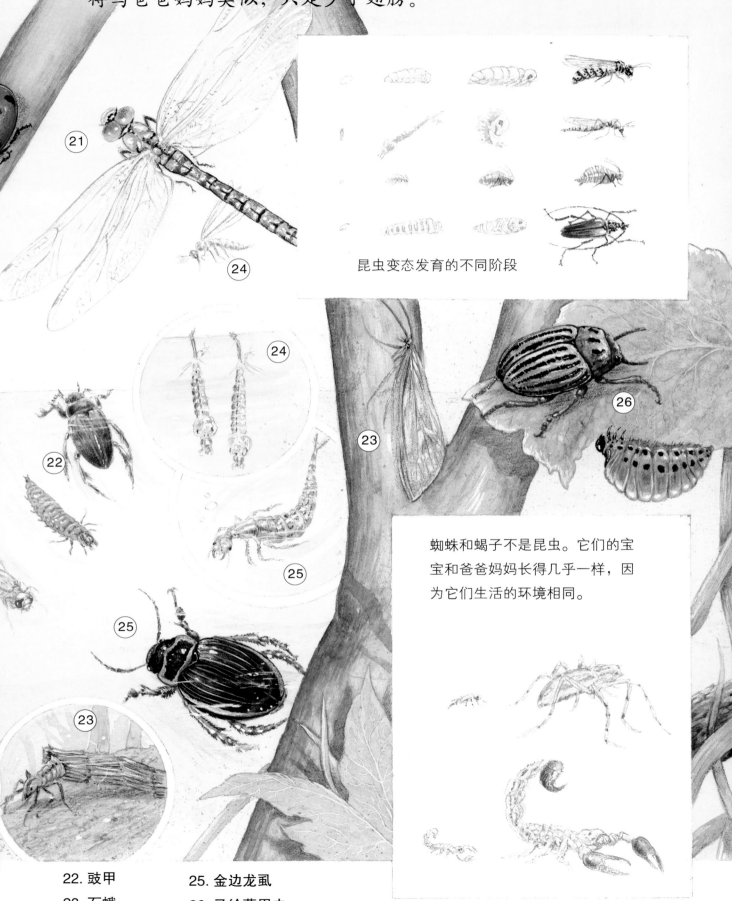

昆虫变态发育的不同阶段

蜘蛛和蝎子不是昆虫。它们的宝宝和爸爸妈妈长得几乎一样，因为它们生活的环境相同。

22. 豉甲　　25. 金边龙虱
23. 石蛾　　26. 马铃薯甲虫
24. 蚊子

24

快来找找，看还能找出来长大后的昆虫宝宝吗？昆虫幼虫孵化后，在长大的过程中会改变几次形态，这叫作"变态发育"。

10.蠼qú蝓sōu

11.鳃金龟

12.屎壳郎

13.蝗虫

14.蚁蛉

15.步甲

16.熊蜂

17.瓢虫

18.蚜虫

19.草蛉

20.水甲虫

21.蜻蜓

肉乎乎的蝴蝶宝宝、蛾宝宝跟它们美丽的妈妈相比，可真是毫不起眼。这是因为它们生活的环境不一样。

7. 朱砂蛾

8. 燕尾蝶

9. 淡纹枯叶蛾

10. 豹灯蛾

11. 六星灯蛾

12. 大蓝蝶

13. 鬼脸天蛾

14. 醋栗尺蛾

15. 尺蠖huò蛾

许多海洋动物也是由幼体逐渐变成的。

大多数鱼的幼体得发生好几次变化，才会长得像妈妈。

当然，也有的海洋动物宝宝一出生就发育得很好，和它们的爸爸妈妈没什么差别，比如海马和鲨鱼。大多数鲨鱼会直接生育小鲨鱼，而不是产卵。

大白鲨

线鳚wèi

猫鲨

海马

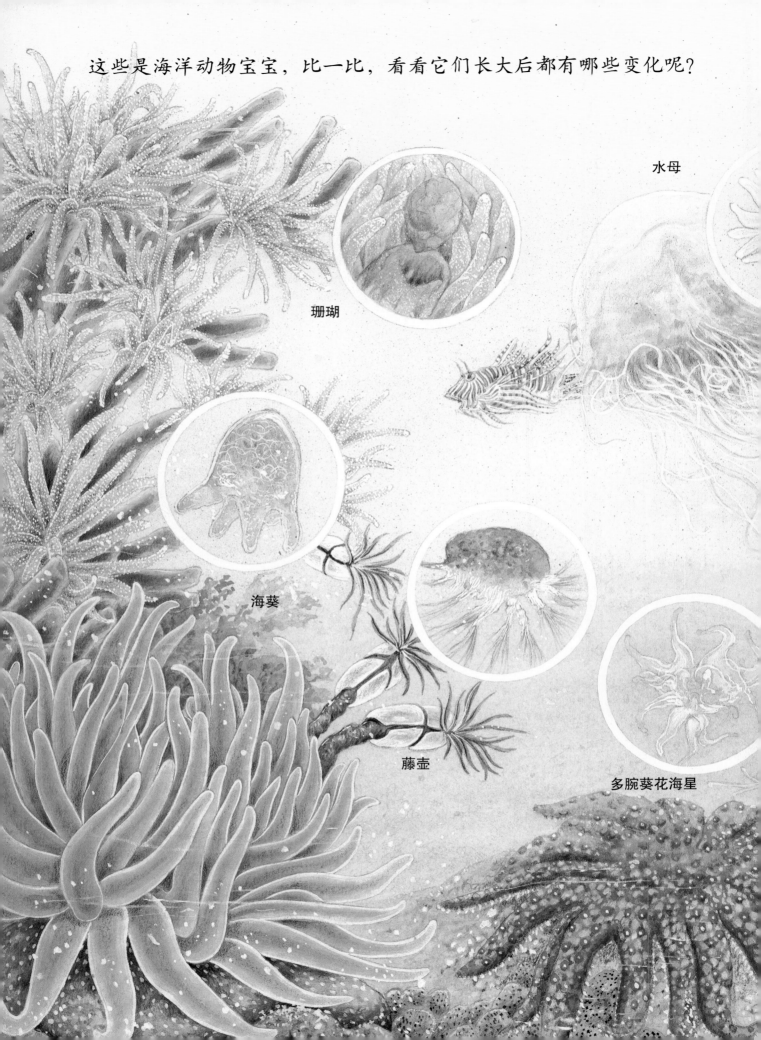

这些是海洋动物宝宝，比一比，看看它们长大后都有哪些变化呢？

水母

珊瑚

海葵

藤壶

多腕葵花海星

鱼类、贝类、软体动物的幼体属于浮游生物，长大后才属于各自的物种。浮游生物是很多大型海洋动物爱吃的美食。

蛇尾

有些软体动物，如乌贼和章鱼，宝宝在出生时就完全发育了，和它们的爸爸妈妈长得一样。

螃蟹

寄居蟹

海胆

狗岩螺

为什么不是所有动物宝宝都像自己的爸爸妈妈？这是因为生活环境和成长方式的影响。

大蚊

白钩蛱蝶和毛虫

草蛉

醋栗尺蛾的毛虫

美国白蛾

松鸦

花金龟

猞猁

熊蜂

大自然提供了五花八门的方法，让各种动物宝宝都能生存、长大，并得以孕育自己的下一代。

大山雀

醋栗尺蛾

胎生蜥蜴

红襟粉蝶

大菜粉蝶的毛虫

叶甲

鹿

蟹蛛

蜗牛

词汇表

● **变态发育**：一些动物在成长过程中经历的一系列形态和外观的变化。例如蝴蝶是毛毛虫（幼虫）经过一系列变态发育最终结蛹变成的。

● **哺乳动物**：有脊椎，身体长有毛发的动物。雌性通常分娩生出幼崽，并分泌母乳来哺育幼崽。

● **捕食**：指某些动物猎杀其他动物为食。通常是大动物捕食小动物。不过，狼有时会捕猎较大的动物，比如鹿。

● **孵化**：从卵（蛋）里出生。鸟类、鱼类和许多昆虫都是从卵中孵化出来的。

● **浮游生物**：漂浮在水中的微小的植物和动物。无根、叶、茎的微小植物，如藻类，被称为浮游植物。微小的动物，如鱼类的幼体，被称为浮游动物。

● **两栖动物**：既能在陆地上又能在水中生存的动物，比如青蛙。成年两栖动物用肺来呼吸空气，幼年的两栖动物或幼体靠鳃呼吸，只能在水中生存。

● **爬行动物**：用肺呼吸的卵生或胎生动物。有脊椎，通常皮肤上长有鳞片或有黏液。爬行动物靠收缩腹部滑行移动，比如蛇；或用很短的腿爬行，比如蜥蜴。鳄鱼、海龟是爬行动物，甚至大多数恐龙也是爬行动物。

● **胎生**：新生命直接从其母亲的身体里来到世界上，是一种相对于从卵（蛋）中发育、孵化的出生方式。

● **幼虫**：昆虫从卵内孵化出来，长得像蠕虫的阶段。如毛毛虫是蝴蝶或蛾的幼虫。

● **有袋类动物**：一种哺乳动物，雌性动物用腹部的育儿袋随身携带幼崽。袋鼠和树袋熊就是两种有名的有袋类动物。

● **幼体**：在母体内或刚脱离母体不久的小生物，如蝌蚪是青蛙的幼体。幼体在长成成体之前，会经历几次形态上的变化。

图书在版编目（CIP）数据

动物宝宝成长记 / (比)蕾妮·哈伊尔绘著 ; 张原平译 . — 乌鲁木齐 : 新疆青少年出版社 , 2018.1
（不可思议的动物生活系列）
ISBN 978-7-5590-2740-5

Ⅰ . ①动… Ⅱ . ①蕾… ②张… Ⅲ . ①动物—青少年读物 Ⅳ . ① Q95-49

中国版本图书馆 CIP 数据核字 (2017) 第 263474 号

图字：29-2014-03 号

不可思议的动物生活系列

动物宝宝成长记　[比]蕾妮·哈伊尔　绘著　　　张原平　译

出 版 人：徐　江	策　　划：许国萍	
责任编辑：许国萍　贺艳华	特约审校：朱玉芬	
美术编辑：查　璇　赵曼竹	封面设计：童　磊　查　璇	
专业知识审校：王安梦	法律顾问：钟　麟 13201203567（新疆国法律师事务所）	

出版发行　新疆青少年出版社　　　　地　　址：乌鲁木齐市北京北路 29 号（邮编：830012）
经　　销　全国新华书店　　　　　　印　　制：北京尚唐印刷包装有限公司

开　　本：889mm×1194mm　1/16　　印　　张：2.75
版　　次：2018 年 1 月第 1 版　　　　印　　次：2018 年 1 月第 1 次印刷
字　　数：10 千字　　　　　　　　　印　　数：1-6000 册
书　　号：ISBN 978-7-5590-2740-5　 定　　价：42.00 元

制售盗版必究 举报查实奖励 :0991-7833932 版权保护办公室举报电话 : 0991-7833927
销售热线 :010-84853493 84851485 如有印刷装订质量问题 印刷厂负责调换